Puzzle 1   Easy

		4						2
			9	1			7	
	9	1		4	7	3		
			4				5	8
1			6		9			3
6	4				3			
		6	1	8		2	9	
	7			3	4			
8						5		

Puzzle 2

Easy

8	4		2	3			1	
5		1				8		
		9						
	9				2		6	
3	7	8				9	2	4
	6		4				5	
						6		
		3				5		2
	1			6	8		3	9

SUDOKU

PUZZLE BOOK

150+ EASY TO MEDIUM PUZZLES

6	1				8	3		
	2			6				8
		8					1	
		5		4				
3								5
		7	6	1		4		
		8	5			2		
				7			6	
			1				8	9

Solutions Included

FOR TEENS

ISBN: 9798861192248

Puzzle 3　　　　　　Easy

5			1				2	6
2					8		1	7
			9	7				
		5	3					8
7		3				6		2
1					9	4		
				8	1			
8	1		2					3
4	6				7			1

Puzzle 4

Easy

		3			9	5		
2			1				9	
	9			2	3		7	
	3		6					4
4			7		5			9
9					2		6	
	1		8	6			2	
	4				1			8
		8	9			3		

Puzzle 5 — Easy

			7		9	1		
		1		4	8		2	
	8							9
4	3	9		8				1
	5						7	
2				5		9	6	4
6							3	
	9		8	2		6		
		3	1		5			

Puzzle 6 Easy

				8	1		4	2
5						7	9	1
		1	7	9			8	
				6				3
	3						7	
4				7				
	5			4	3	6		
3	2	4						7
9	1		8	5				

Puzzle 7   Easy

		6				8		5
					9			
4				7	5	2		3
6	4			5				
5		8	2	6	3	4		7
				8			6	9
7		3	1	2				6
		5						
8		9				1		

Puzzle 8

Easy

3							6	
	7	1	8	6	4	9		
	6	9		7				
				2	1			5
		2		4		6		
1			5	3				
				8		7	3	
		4	7	9	3	5	2	
	2							1

Puzzle 9   Easy

3	4				9	2		
9	8			6	1		4	
	1							5
5						8		
7	3			4			1	2
		1						6
8							2	
	7		1	5			3	8
		4	3				6	9

Puzzle 10   Easy

8	1				9			
2	7	4		8				9
9	5				7		3	
					1			
4		5		9		1		2
			2					
	6		8				7	3
1				7		6	5	8
			4				9	1

Puzzle 11   Easy

4		6		1			2	
		7						6
8	9		3			7		
		9				5		1
	1		7		6		3	
3		8				6		
		3			5		6	8
1						9		
	2			7		3		5

Puzzle 12

Easy

4	9			7			2	
3		2	8	6	1			
5			2				6	
8		7						
		9				6		
						9		8
	1				8			6
			7	9	4	5		3
	3			2			8	4

Puzzle 13

Easy

			9	7			2	6
9	3						7	
			1	2	4			
7	8		4			1		
6				1				9
		4			2		8	7
			2	5	1			
	1						5	3
2	9			4	6			

Puzzle 14

Easy

			1			2	7	
					4	1		
		7	8	6	2	5		
1				5	3			
3	6						1	5
			4	9				7
		8	5	1	6	4		
		1	2					
	9	2			7			

Puzzle 15

Easy

							5	9
				9	5	7		
				2		1	3	
8		6			1	2		4
		9	7		2	3		
7		2	8			9		6
	8	4		3				
		7	6	8				
2	9							

Puzzle 16

Easy

						7	2	
7	5	4	6					1
					9		6	3
4	2			6				
		9	7		1	2		
				3			5	6
8	6		5					
9					6	1	8	5
	4	1						

Puzzle 17

Easy

9	3	6	8		5	7		
	7		3					6
8		2			1			
		3			8			
6								4
			4			3		
			1			8		7
4					3		6	
		8	6		7	9	4	1

Puzzle 18

Easy

		6						1
		5		1		4	6	
4					6	9	2	3
			8				9	7
			4		3			
3	6				5			
2	4	8	7					9
	1	7		4		2		
5						7		

Puzzle 19   Easy

			2				4	1
		8		7	6			
	9	1				3		7
		6		9	4	1		
4								3
		3	7	6		2		
6		4				7	3	
			6	4		9		
9	5				3			

Puzzle 20　　　　Easy

			3	8		4	1	
			9		6			
		3					9	8
4			6	3			5	
9	1			2			7	4
	2			7	9			1
5	9					2		
			1		8			
	4	8		6	2			

Puzzle 21   Easy

		7			6	2	1	8
	6				8			
		5				4		3
	5			4			2	6
	9			5			8	
6	3			2			4	
3		4				8		
			1				3	
8	1	9	2			6		

Puzzle 22

Easy

	4	6				9		3
5	3		8					
8		2				7		
					3	8		9
		7	4		8	5		
6		4		9				
		1				6		7
					6		1	8
2		8				4	3	

Puzzle 23

Easy

				5		6	7	
	1				6	3		
	5	7		3				8
		9	2					3
8	7						1	4
2					8	5		
1				7		9	4	
		6	9				3	
	3	4		6				

Puzzle 24

Easy

	4	7						2
			3	6			7	8
		6	9			4		
		5			1		3	
3			2	5	7			1
	1		6			7		
		8			9	5		
4	9			3	6			
1						6	4	

Puzzle 25

Easy

7			5			2		6
	8					4		3
2			7			9		
		6		1				2
	1		2	7	4		9	
8				9		5		
		3			6			9
6		8					5	
4		2			1			7

Puzzle 26　　　　Easy

					9	6		
	9		5			7	4	3
4				3			2	
	3		8			2		1
		9		2		5		
5		4			1		8	
	1			9				5
3	6	2			5		1	
		5	6					

Puzzle 27

Easy

2	6	1	8	9		7		
		8	5	7				
	4							6
5	2		4				9	
				5				
	7				3		1	4
6							5	
				8	9	4		
		7		6	5	3	2	8

Puzzle 28   Easy

	4		6		5			
7	1	2				5		6
			9					7
			4				6	9
	8		1		2		5	
9	7				3			
2					6			
8		5				9	2	1
			2		9		4	

Puzzle 29

Easy

	4		5		1			
2			6			5	3	1
	3			8		6		
5				2		4		
		6				2		
		4		7				8
		2		6			4	
7	8	1			4			6
			2		7		1	

Puzzle 30

Easy

		9	6	1				5
	5				8		4	3
2			3					
	2						3	
	1	3	8		6	9	7	
	9						6	
					4			2
7	3		5				9	
4				6	1	3		

Puzzle 31   Easy

	5						3	4
	1	4	8					
	8		2			7		1
	3			1	4			
5		6		9		4		8
			7	8			5	
1		2			8		4	
					3	1	8	
8	9						7	

Puzzle 32

Easy

2	3				7	9		4	
						4		3	8
		9	8						1
	2	3		8					
	1			9			8		
				4		3	9		
6					8	7			
8	5		2						
	7		9	1			5	4	

Puzzle 33   Easy

		3	1			5		
		2	6			3		7
			5		9		2	
						1	6	2
2		5				4		3
4	9	6						
	8		3		1			
3		4			2	9		
		9			6	8		

Puzzle 34

Easy

	5			2				
	3	8			6	1		
		4					6	3
7			5	4		8		6
	2			1			9	
8		5		7	2			4
1	7					6		
		6	1			7	8	
				6			5	

Puzzle 35

Easy

3					8	2	7		
		8						1	
6	1					7			
		1				5	2	7	
	7		8			3		9	
	5	9	6				4		
			7					8	4
	8						1		
		7	2	4					3

Puzzle 36

Easy

			2		9	8		
				3	8		6	
9	8		6			5		1
		8					4	
4			8		1			2
	1					7		
2		6			4		3	5
	9		7	5				
		4	3		6			

Puzzle 37

Easy

		1	3	7			5	
3		8						2
	7	5			6			
	3	6		5				
		9	7	6	2	3		
				4		9	1	
			2			5	9	
5						4		3
	9			1	4	8		

Puzzle 38

Easy

	2		1			7	8	
9	4				8			
		6				2		
8	5				4		2	
2			7		5			9
	6		9				1	8
		2				9		
			3				4	1
	7	8			1		3	

Puzzle 39

Easy

				8	3		1	
7					4	8		
6	8	5	7	9				
		3						5
1	9			5			8	4
4						6		
				4	7	5	2	3
		2	6					8
	7		8	3				

Puzzle 40

Easy

		8	6	5		7	3	1
			8		4			
7		6						
	5		4					8
1	6						7	3
4					6		9	
						8		6
			2		1			
8	1	9		6	5	2		

Puzzle 41

Easy

3		1						
		9		8		7	4	
	4		9	6	3			5
				9				6
	7		2	5	4		8	
5				1				
4			5	7	1		3	
	1	8		3		9		
						4		7

Puzzle 42

Easy

1			9			3		
	9		4				2	
2		8	3				9	
3							1	
7		9	8		1	5		3
	6							8
	3				9	4		6
	4				5		8	
		6			4			7

Puzzle 43   Easy

2		3		4				
				3		5		7
	5	8			2			3
3			9	2				
	1	9				8	4	
				8	7			9
6			4			2	5	
4		5		1				
				9		1		4

Puzzle 44

Easy

	4		1	6			2	
	2			7		8		6
		3				7		
		9	7		4			
	5		6		8		1	
			9		2	4		
		8				1		
3		6		9			5	
	1			2	7		8	

Puzzle 45　　　　　Easy

	7				3		1	4
	8	9				7		2
	3			5				8
9			4			6		
	6						7	
		8			5			1
6				7			4	
8		5				1	2	
7	2		8				5	

Puzzle 46 Easy

3			4					5
		5	1			9		7
		2	8					6
	3	8					4	
4			9		3			2
	2					7	1	
2					8	3		
1		3			2	5		
9					5			4

Puzzle 47   Easy

				9		7	5	
8			7	4			9	
		5	1				2	4
7			9		4		3	
				3				
	6		8		2			7
4	5				8	1		
	3			7	1			9
	8	7		5				

Puzzle 48

Easy

1			5		6		9	
	3			8		4		
6				7		1		2
					7		2	4
7				9				8
9	2		6					
3		2		5				6
		1		6			5	
	9		8		1			7

Puzzle 49

Easy

1		2			3		4	
		7						
			7			1	5	6
	7			9				3
3	1		8		6		9	7
2				5			1	
7	4	8			9			
						8		
	9		5			4		1

Puzzle 50 Easy

		2		1			8	
					8		7	
		9			6			
6	2			4		9		7
3		4	7		9	2		8
9		1		5			6	4
			6			7		
	4		9					
	3			7		4		

Easy Puzzle
Solutions

Easy

1

7	5	4	3	6	8	9	1	2
3	6	8	9	1	2	4	7	5
2	9	1	5	4	7	3	8	6
9	2	3	4	7	1	6	5	8
1	8	5	6	2	9	7	4	3
6	4	7	8	5	3	1	2	9
4	3	6	1	8	5	2	9	7
5	7	9	2	3	4	8	6	1
8	1	2	7	9	6	5	3	4

2

8	4	6	2	3	9	7	1	5
5	2	1	6	7	4	8	9	3
7	3	9	8	1	5	2	4	6
4	9	5	3	8	2	1	6	7
3	7	8	1	5	6	9	2	4
1	6	2	4	9	7	3	5	8
9	5	4	7	2	3	6	8	1
6	8	3	9	4	1	5	7	2
2	1	7	5	6	8	4	3	9

3

5	7	8	1	4	3	9	2	6
2	9	4	6	5	8	3	1	7
6	3	1	9	7	2	8	5	4
9	2	5	3	6	4	1	7	8
7	4	3	8	1	5	6	9	2
1	8	6	7	2	9	4	3	5
3	5	2	4	8	1	7	6	9
8	1	7	2	9	6	5	4	3
4	6	9	5	3	7	2	8	1

4

1	6	3	4	7	9	5	8	2
2	5	7	1	8	6	4	9	3
8	9	4	5	2	3	1	7	6
5	3	2	6	9	8	7	1	4
4	8	6	7	1	5	2	3	9
9	7	1	3	4	2	8	6	5
3	1	5	8	6	4	9	2	7
7	4	9	2	3	1	6	5	8
6	2	8	9	5	7	3	4	1

5

5	4	2	7	3	9	1	8	6
9	6	1	5	4	8	7	2	3
3	8	7	2	1	6	5	4	9
4	3	9	6	8	7	2	5	1
1	5	6	4	9	2	3	7	8
2	7	8	3	5	1	9	6	4
6	1	5	9	7	4	8	3	2
7	9	4	8	2	3	6	1	5
8	2	3	1	6	5	4	9	7

6

7	9	3	6	8	1	5	4	2
5	6	8	4	3	2	7	9	1
2	4	1	7	9	5	3	8	6
1	7	9	5	6	8	4	2	3
6	3	5	1	2	4	9	7	8
4	8	2	3	7	9	1	6	5
8	5	7	2	4	3	6	1	9
3	2	4	9	1	6	8	5	7
9	1	6	8	5	7	2	3	4

Easy

7

9	7	6	3	1	2	8	4	5
2	3	5	8	4	9	6	7	1
4	8	1	6	7	5	2	9	3
6	4	7	9	5	1	3	2	8
5	9	8	2	6	3	4	1	7
3	1	2	4	8	7	5	6	9
7	5	3	1	2	4	9	8	6
1	6	4	5	9	8	7	3	2
8	2	9	7	3	6	1	5	4

8

3	5	8	2	1	9	4	6	7
2	7	1	8	6	4	9	5	3
4	6	9	3	7	5	1	8	2
9	8	7	6	2	1	3	4	5
5	3	2	9	4	7	6	1	8
1	4	6	5	3	8	2	7	9
6	9	5	1	8	2	7	3	4
8	1	4	7	9	3	5	2	6
7	2	3	4	5	6	8	9	1

9

3	4	6	5	7	9	2	8	1
9	8	5	2	6	1	7	4	3
2	1	7	8	3	4	6	9	5
5	6	2	9	1	3	8	7	4
7	3	8	6	4	5	9	1	2
4	9	1	7	2	8	3	5	6
8	5	3	4	9	6	1	2	7
6	7	9	1	5	2	4	3	8
1	2	4	3	8	7	5	6	9

10

8	1	3	5	4	9	7	2	6
2	7	4	3	8	6	5	1	9
9	5	6	1	2	7	8	3	4
7	2	8	6	3	1	9	4	5
4	3	5	7	9	8	1	6	2
6	9	1	2	5	4	3	8	7
5	6	9	8	1	2	4	7	3
1	4	2	9	7	3	6	5	8
3	8	7	4	6	5	2	9	1

11

4	5	6	9	1	7	8	2	3
2	3	7	4	5	8	1	9	6
8	9	1	3	6	2	7	5	4
7	6	9	2	3	4	5	8	1
5	1	2	7	8	6	4	3	9
3	4	8	5	9	1	6	7	2
9	7	3	1	4	5	2	6	8
1	8	5	6	2	3	9	4	7
6	2	4	8	7	9	3	1	5

12

4	9	6	5	7	3	8	2	1
3	7	2	8	6	1	4	5	9
5	8	1	2	4	9	3	6	7
8	6	7	9	3	2	1	4	5
1	5	9	4	8	7	6	3	2
2	4	3	6	1	5	9	7	8
7	1	4	3	5	8	2	9	6
6	2	8	7	9	4	5	1	3
9	3	5	1	2	6	7	8	4

Easy

13

5	4	1	9	7	3	8	2	6
9	3	2	5	6	8	4	7	1
8	6	7	1	2	4	9	3	5
7	8	9	4	3	5	1	6	2
6	2	3	8	1	7	5	4	9
1	5	4	6	9	2	3	8	7
3	7	8	2	5	1	6	9	4
4	1	6	7	8	9	2	5	3
2	9	5	3	4	6	7	1	8

14

8	4	6	1	3	5	2	7	9
5	2	3	9	7	4	1	8	6
9	1	7	8	6	2	5	4	3
1	7	9	6	5	3	8	2	4
3	6	4	7	2	8	9	1	5
2	8	5	4	9	1	3	6	7
7	3	8	5	1	6	4	9	2
6	5	1	2	4	9	7	3	8
4	9	2	3	8	7	6	5	1

15

4	2	1	3	7	8	6	5	9
3	6	8	1	9	5	7	4	2
9	7	5	4	2	6	1	3	8
8	3	6	9	5	1	2	7	4
1	4	9	7	6	2	3	8	5
7	5	2	8	4	3	9	1	6
6	8	4	2	3	7	5	9	1
5	1	7	6	8	9	4	2	3
2	9	3	5	1	4	8	6	7

16

3	9	6	1	8	5	7	2	4
7	5	4	6	2	3	8	9	1
2	1	8	4	7	9	5	6	3
4	2	5	9	6	8	3	1	7
6	3	9	7	5	1	2	4	8
1	8	7	2	3	4	9	5	6
8	6	3	5	1	2	4	7	9
9	7	2	3	4	6	1	8	5
5	4	1	8	9	7	6	3	2

17

9	3	6	8	4	5	7	1	2
1	7	4	3	9	2	5	8	6
8	5	2	7	6	1	4	9	3
7	4	3	5	1	8	6	2	9
6	8	5	2	3	9	1	7	4
2	9	1	4	7	6	3	5	8
5	6	9	1	2	4	8	3	7
4	1	7	9	8	3	2	6	5
3	2	8	6	5	7	9	4	1

18

8	2	6	9	3	4	5	7	1
9	3	5	2	1	7	4	6	8
4	7	1	5	8	6	9	2	3
1	5	4	8	6	2	3	9	7
7	8	2	4	9	3	1	5	6
3	6	9	1	7	5	8	4	2
2	4	8	7	5	1	6	3	9
6	1	7	3	4	9	2	8	5
5	9	3	6	2	8	7	1	4

Easy

19

7	6	5	2	3	9	8	4	1
3	4	8	1	7	6	5	2	9
2	9	1	4	8	5	3	6	7
8	2	6	3	9	4	1	7	5
4	7	9	5	1	2	6	8	3
5	1	3	7	6	8	2	9	4
6	8	4	9	5	1	7	3	2
1	3	2	6	4	7	9	5	8
9	5	7	8	2	3	4	1	6

20

2	6	9	3	8	7	4	1	5
8	5	4	9	1	6	7	2	3
1	7	3	2	5	4	6	9	8
4	8	7	6	3	1	9	5	2
9	1	6	8	2	5	3	7	4
3	2	5	4	7	9	8	6	1
5	9	1	7	4	3	2	8	6
6	3	2	1	9	8	5	4	7
7	4	8	5	6	2	1	3	9

21

9	4	7	5	3	6	2	1	8
2	6	3	4	1	8	7	9	5
1	8	5	7	9	2	4	6	3
7	5	8	3	4	9	1	2	6
4	9	2	6	5	1	3	8	7
6	3	1	8	2	7	5	4	9
3	2	4	9	6	5	8	7	1
5	7	6	1	8	4	9	3	2
8	1	9	2	7	3	6	5	4

22

7	4	6	2	5	1	9	8	3
5	3	9	8	7	4	1	2	6
8	1	2	9	6	3	7	5	4
1	2	5	6	3	7	8	4	9
3	9	7	4	2	8	5	6	1
6	8	4	1	9	5	3	7	2
4	5	1	3	8	2	6	9	7
9	7	3	5	4	6	2	1	8
2	6	8	7	1	9	4	3	5

23

3	9	8	4	5	2	6	7	1
4	1	2	7	8	6	3	5	9
6	5	7	1	3	9	4	2	8
5	4	9	2	1	7	8	6	3
8	7	3	6	9	5	2	1	4
2	6	1	3	4	8	5	9	7
1	2	5	8	7	3	9	4	6
7	8	6	9	2	4	1	3	5
9	3	4	5	6	1	7	8	2

24

9	4	7	8	1	5	3	6	2
5	2	1	3	6	4	9	7	8
8	3	6	9	7	2	4	1	5
7	8	5	4	9	1	2	3	6
3	6	4	2	5	7	8	9	1
2	1	9	6	8	3	7	5	4
6	7	8	1	4	9	5	2	3
4	9	2	5	3	6	1	8	7
1	5	3	7	2	8	6	4	9

Easy

25

7	3	1	5	4	9	2	8	6
5	8	9	1	6	2	4	7	3
2	6	4	7	3	8	9	1	5
9	4	6	8	1	5	7	3	2
3	1	5	2	7	4	6	9	8
8	2	7	6	9	3	5	4	1
1	7	3	4	5	6	8	2	9
6	9	8	3	2	7	1	5	4
4	5	2	9	8	1	3	6	7

26

2	7	3	1	4	9	6	5	8
8	9	1	5	6	2	7	4	3
4	5	6	7	3	8	1	2	9
6	3	7	8	5	4	2	9	1
1	8	9	3	2	6	5	7	4
5	2	4	9	7	1	3	8	6
7	1	8	2	9	3	4	6	5
3	6	2	4	8	5	9	1	7
9	4	5	6	1	7	8	3	2

27

2	6	1	8	9	4	7	3	5
9	3	8	5	7	6	2	4	1
7	4	5	2	3	1	9	8	6
5	2	6	4	1	7	8	9	3
3	1	4	9	5	8	6	7	2
8	7	9	6	2	3	5	1	4
6	8	3	7	4	2	1	5	9
1	5	2	3	8	9	4	6	7
4	9	7	1	6	5	3	2	8

28

3	4	9	6	7	5	8	1	2
7	1	2	3	4	8	5	9	6
6	5	8	9	2	1	4	3	7
5	2	3	4	8	7	1	6	9
4	8	6	1	9	2	7	5	3
9	7	1	5	6	3	2	8	4
2	9	4	8	1	6	3	7	5
8	6	5	7	3	4	9	2	1
1	3	7	2	5	9	6	4	8

29

6	4	9	5	3	1	7	8	2
2	7	8	6	4	9	5	3	1
1	3	5	7	8	2	6	9	4
5	1	7	8	2	3	4	6	9
8	9	6	4	1	5	2	7	3
3	2	4	9	7	6	1	5	8
9	5	2	1	6	8	3	4	7
7	8	1	3	5	4	9	2	6
4	6	3	2	9	7	8	1	5

30

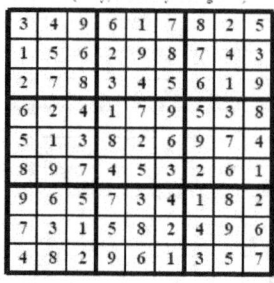

3	4	9	6	1	7	8	2	5
1	5	6	2	9	8	7	4	3
2	7	8	3	4	5	6	1	9
6	2	4	1	7	9	5	3	8
5	1	3	8	2	6	9	7	4
8	9	7	4	5	3	2	6	1
9	6	5	7	3	4	1	8	2
7	3	1	5	8	2	4	9	6
4	8	2	9	6	1	3	5	7

Easy

31

2	5	7	1	6	9	8	3	4
6	1	4	8	3	7	5	9	2
3	8	9	2	4	5	7	6	1
9	3	8	5	1	4	6	2	7
5	7	6	3	9	2	4	1	8
4	2	1	7	8	6	9	5	3
1	6	2	9	7	8	3	4	5
7	4	5	6	2	3	1	8	9
8	9	3	4	5	1	2	7	6

32

2	3	8	1	7	9	6	4	5
1	6	7	5	2	4	9	3	8
5	4	9	8	6	3	2	7	1
9	2	3	7	8	5	4	1	6
4	1	6	3	9	2	5	8	7
7	8	5	6	4	1	3	9	2
6	9	1	4	5	8	7	2	3
8	5	4	2	3	7	1	6	9
3	7	2	9	1	6	8	5	4

33

6	4	3	1	2	7	5	8	9
9	5	2	6	8	4	3	1	7
8	7	1	5	3	9	6	2	4
7	3	8	9	4	5	1	6	2
2	1	5	7	6	8	4	9	3
4	9	6	2	1	3	7	5	8
5	8	7	3	9	1	2	4	6
3	6	4	8	5	2	9	7	1
1	2	9	4	7	6	8	3	5

34

6	5	7	3	2	1	9	4	8
2	3	8	4	9	6	1	7	5
9	1	4	7	8	5	2	6	3
7	9	1	5	4	3	8	2	6
4	2	3	6	1	8	5	9	7
8	6	5	9	7	2	3	1	4
1	7	2	8	5	4	6	3	9
5	4	6	1	3	9	7	8	2
3	8	9	2	6	7	4	5	1

35

3	4	5	1	8	2	7	6	9
7	9	8	5	6	4	3	1	2
6	1	2	9	3	7	8	4	5
8	3	1	4	9	5	2	7	6
4	7	6	8	2	3	5	9	1
2	5	9	6	7	1	4	3	8
5	2	3	7	1	9	6	8	4
9	8	4	3	5	6	1	2	7
1	6	7	2	4	8	9	5	3

36

6	4	5	2	1	9	8	7	3
1	2	7	5	3	8	4	6	9
9	8	3	6	4	7	5	2	1
7	3	8	9	2	5	1	4	6
4	6	9	8	7	1	3	5	2
5	1	2	4	6	3	7	9	8
2	7	6	1	8	4	9	3	5
3	9	1	7	5	2	6	8	4
8	5	4	3	9	6	2	1	7

Easy

37

4	2	1	3	7	8	6	5	9
3	6	8	1	9	5	7	4	2
9	7	5	4	2	6	1	3	8
8	3	6	9	5	1	2	7	4
1	4	9	7	6	2	3	8	5
7	5	2	8	4	3	9	1	6
6	8	4	2	3	7	5	9	1
5	1	7	6	8	9	4	2	3
2	9	3	5	1	4	8	6	7

38

5	2	3	1	6	9	7	8	4
9	4	7	2	3	8	1	5	6
1	8	6	4	5	7	2	9	3
8	5	9	6	1	4	3	2	7
2	3	1	7	8	5	4	6	9
7	6	4	9	2	3	5	1	8
3	1	2	8	4	6	9	7	5
6	9	5	3	7	2	8	4	1
4	7	8	5	9	1	6	3	2

39

9	2	4	5	8	3	7	1	6
7	3	1	2	6	4	8	5	9
6	8	5	7	9	1	3	4	2
2	6	3	4	7	8	1	9	5
1	9	7	3	5	6	2	8	4
4	5	8	1	2	9	6	3	7
8	1	6	9	4	7	5	2	3
3	4	2	6	1	5	9	7	8
5	7	9	8	3	2	4	6	1

40

2	4	8	6	5	9	7	3	1
5	3	1	8	7	4	9	6	2
7	9	6	1	3	2	5	8	4
9	5	7	4	1	3	6	2	8
1	6	2	5	9	8	4	7	3
4	8	3	7	2	6	1	9	5
3	2	5	9	4	7	8	1	6
6	7	4	2	8	1	3	5	9
8	1	9	3	6	5	2	4	7

41

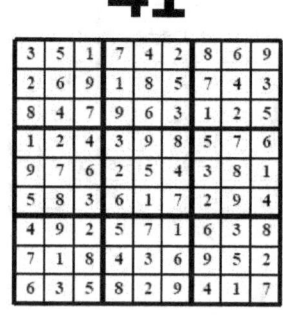

3	5	1	7	4	2	8	6	9
2	6	9	1	8	5	7	4	3
8	4	7	9	6	3	1	2	5
1	2	4	3	9	8	5	7	6
9	7	6	2	5	4	3	8	1
5	8	3	6	1	7	2	9	4
4	9	2	5	7	1	6	3	8
7	1	8	4	3	6	9	5	2
6	3	5	8	2	9	4	1	7

42

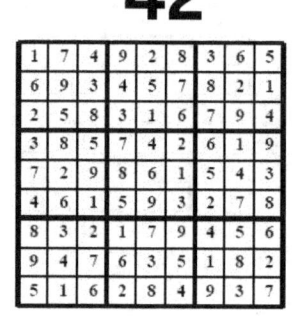

1	7	4	9	2	8	3	6	5
6	9	3	4	5	7	8	2	1
2	5	8	3	1	6	7	9	4
3	8	5	7	4	2	6	1	9
7	2	9	8	6	1	5	4	3
4	6	1	5	9	3	2	7	8
8	3	2	1	7	9	4	5	6
9	4	7	6	3	5	1	8	2
5	1	6	2	8	4	9	3	7

Easy

43

2	7	3	5	4	9	6	8	1
9	6	4	8	3	1	5	2	7
1	5	8	7	6	2	4	9	3
3	8	6	9	2	4	7	1	5
7	1	9	3	5	6	8	4	2
5	4	2	1	8	7	3	6	9
6	9	1	4	7	3	2	5	8
4	3	5	2	1	8	9	7	6
8	2	7	6	9	5	1	3	4

44

8	4	7	1	6	9	3	2	5
1	2	5	4	7	3	8	9	6
9	6	3	2	8	5	7	4	1
6	8	9	7	1	4	5	3	2
4	5	2	6	3	8	9	1	7
7	3	1	9	5	2	4	6	8
2	9	8	5	4	6	1	7	3
3	7	6	8	9	1	2	5	4
5	1	4	3	2	7	6	8	9

45

2	7	6	9	8	3	5	1	4
5	8	9	1	4	6	7	3	2
4	3	1	2	5	7	9	6	8
9	5	7	4	2	1	6	8	3
1	6	2	3	9	8	4	7	5
3	4	8	7	6	5	2	9	1
6	1	3	5	7	2	8	4	9
8	9	5	6	3	4	1	2	7
7	2	4	8	1	9	3	5	6

46

3	9	6	4	2	7	1	8	5
8	4	5	1	3	6	9	2	7
7	1	2	8	5	9	4	3	6
5	3	8	2	7	1	6	4	9
4	7	1	9	6	3	8	5	2
6	2	9	5	8	4	7	1	3
2	5	4	6	9	8	3	7	1
1	6	3	7	4	2	5	9	8
9	8	7	3	1	5	2	6	4

47

3	4	1	2	9	6	7	5	8
8	2	6	7	4	5	3	9	1
9	7	5	1	8	3	6	2	4
7	1	8	9	6	4	2	3	5
2	9	4	5	3	7	8	1	6
5	6	3	8	1	2	9	4	7
4	5	9	6	2	8	1	7	3
6	3	2	4	7	1	5	8	9
1	8	7	3	5	9	4	6	2

48

1	4	8	5	2	6	7	9	3
2	3	7	1	8	9	4	6	5
6	5	9	4	7	3	1	8	2
8	6	5	3	1	7	9	2	4
7	1	4	2	9	5	6	3	8
9	2	3	6	4	8	5	7	1
3	7	2	9	5	4	8	1	6
4	8	1	7	6	2	3	5	9
5	9	6	8	3	1	2	4	7

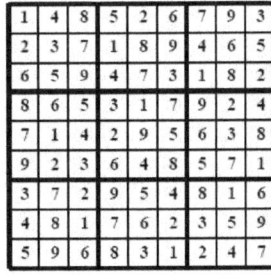

49

1	5	2	9	6	3	7	4	8
8	6	7	4	1	5	9	3	2
9	3	4	7	8	2	1	5	6
4	7	6	2	9	1	5	8	3
3	1	5	8	4	6	2	9	7
2	8	9	3	5	7	6	1	4
7	4	8	1	2	9	3	6	5
5	2	1	6	3	4	8	7	9
6	9	3	5	7	8	4	2	1

50

4	6	2	3	1	7	5	8	9
5	1	3	4	9	8	6	7	2
7	8	9	5	2	6	1	4	3
6	2	8	1	4	3	9	5	7
3	5	4	7	6	9	2	1	8
9	7	1	8	5	2	3	6	4
2	9	5	6	8	4	7	3	1
1	4	7	9	3	5	8	2	6
8	3	6	2	7	1	4	9	5

MEDIUM
PUZZLES

Puzzle 1 Medium

			7		9		4	
9				4	6			
	4	3	5					6
	9				8	2	7	
		7		5		1		
	5	2	3				8	
8					5	4	6	
			1	8				2
	2		4		3			

Puzzle 2   Medium

					8	6		4
			4					5
4	2	8		6				
5	8					9		6
	4	9				5	2	
2		7					1	8
				1		4	6	3
1					5			
9		4	2					

Puzzle 3

Medium

						7	1	9
8			3					
	9			2	7		3	
				7	1			3
7	1	9				6	5	8
2			8	5				
	7		1	9			6	
					2			4
9	3	5						

Puzzle 4   Medium

	6		7	1				5
5	7	2						
			6		2			
	3	6	2				4	
4		1		7		3		6
	5				4	1	8	
			5		6			
						9	3	4
7				3	9		5	

Puzzle 5   Medium

1		5						9
	4	7						
2	6		5		8			
		4			9		8	5
		8	4		7	2		
9	3		1			4		
			7		3		5	1
						9	4	
8						7		6

Puzzle 6

Medium

5		2		4			1	
1	3					9		4
	6	4	5	1				8
	4							
			7		2			
							8	
2				8	6	4	7	
6		5					3	1
	8			7		6		2

Puzzle 7   Medium

	4		7	1				
	8	6	5				4	
5	2					9	1	
2				3		4		
			2		6			
		9		8				2
	5	8					6	1
	3				2	7	9	
				7	1		3	

Puzzle 8 Medium

				1				
	4				8	9	1	
	7		2	9			4	6
9		5	8		2			4
				4				
4			6		9	1		7
7	8			6	3		5	
	2	4	1				6	
				2				

Puzzle 9

Medium

				4				
8	9	2		7		4		
	3		8	6			7	
3		5						8
		8	1		6	9		
9						1		2
	7			3	2		8	
		6		1		3	2	9
				9				

Puzzle 10   Medium

2	8	3				9		
	1		2			3		
		7	9				8	
			7	2	6		1	
			5		3			
	3		8	4	9			
	7				8	2		
		5			7		6	
		9				8	3	7

Puzzle 11   Medium

8	3			4	6			2
7	4					3		9
			7			5		
					9		4	
	1	7				6	9	
	8		5					
		1			4			
2		8					5	6
4			6	7			3	1

Puzzle 12

Medium

		1	7			9	5	
6			9		3			
7				8		1		
		7	8	3				1
	1						2	
3				2	1	7		
		6		4				5
			1		8			7
	8	5			9	3		

Puzzle 13　　　　Medium

	1			9			8	
		2	5	1				6
8		3	2				1	
5					9		2	8
9	8		4					3
	5				4	3		7
2				7	6	5		
	7			5			4	

Puzzle 14   Medium

2			7		8			
3		5		4				8
7	9	8			6	5		
		2						3
	7						5	
8						9		
		6	9			8	4	2
9				2		3		1
			6		1			5

Puzzle 15　　　　　Medium

	9				4			
2		1	9			4		
	8	4		1	2	9		
		9			8			4
	7						3	
8			1			6		
		6	4	8		7	1	
		3			1	2		8
			3				9	

Puzzle 16　　　Medium

		9		4				5
2	5	4		1				7
					5		1	
	6				8			
8		1	5	3	7	9		4
			4				3	
	4		1					
7				9		5	4	6
6				5		1		

Puzzle 17

Medium

	3	7	8		4			
			1	9	2	3		4
			3				9	
	1	5	4					
6								3
					1	6	5	
	6				8			
7		2	6	1	3			
			5		7	1	8	

Puzzle 18

Medium

9	2						4	5
	4	8				3		
	3		2			9		
6				1			9	4
		3		5		2		
8	9			7				3
		4			8		3	
		9				8	2	
2	8						6	9

Puzzle 19

Medium

					5		4		
		4			2	8	6		9
9	5			7	4				
4						7		2	
	7							9	
	2		9						1
					9	3		7	5
2		8	1		7		9		
		7			8				

Puzzle 20

Medium

1			8				3	4
	8					6	9	
9				6				
		9	6		7	3	8	
	7						5	
	3	5	9		2	4		
				2				6
	4	8					1	
5	6				9			3

Puzzle 21   Medium

			2	6				
5	6			7				1
					1	9		6
		4			6	7		
2	7		8	1	5		4	9
		8	4			5		
7		5	1					
1				3			7	5
				5	4			

Puzzle 22 — Medium

						4		6
2	4		6		5		1	
							5	8
	5	9		8	6			
8	1			7			3	5
			5	4		8	7	
4	8							
	3		8		4		2	1
9		6						

Puzzle 23 Medium

					7			8
9			5	4	8	6	2	
		1	2					9
	1			5	9			
	5						9	
			6	7			8	
7					1	8		
	8	6	9	2	4			7
3			7					

Puzzle 24

Medium

6	4			5		3		
7					2		5	
	9	2				7		
1		4						
	2	5	3		7	8	6	
						1		3
		6				2	3	
	7		8					5
		9		6			8	7

Puzzle 25   Medium

5	4		2					
		1	9	4	8			
	7					4	8	
				6	9	2		
	8	6		2		3	7	
		2	7	1				
	9	4					6	
			5	9	6	7		
					4		3	9

Puzzle 26

Medium

		3	2				9	
1			4		8		5	
2		8			5			
	3							8
	4	1	7	5	2	9	6	
7							2	
			9			1		6
	1		8		4			5
	8				1	2		

Puzzle 27

Medium

9		1			4			
7				9				
	4			1	6		7	
3		8	4		1	5		
	6						1	
		9	5		3	6		2
	9		1	3			2	
				4				9
			9			4		3

Puzzle 28　　　Medium

		2				1	7	8
			1				4	
			7	2			9	
4		6			3			7
		3	4		7	2		
8			9			3		4
	1			7	5			
	4				6			
3	5	9				7		

Puzzle 29   Medium

			7					1
		8			9	7	6	4
7			8	4			9	
	2						7	6
		7		5		3		
8	9						2	
	1			7	2			8
9	8	2	3			5		
4					5			

Puzzle 30   Medium

3	2	9	7		5			
7	6				2			
				1				
		3			6	9		
4		5	8	3	7	6		1
		2	1			3		
				6				
			2				6	8
			3		1	4	5	9

Puzzle 31   Medium

	6	9	4		5		7	
3				9		4	6	
2							9	
1				6	8			
		6				8		
			9	5				1
	4							5
	1	7		2				4
	2		8		4	9	1	

Puzzle 32   Medium

	7	6		8				2
5			1				4	
		8		2		9		
4					8			
3	9		5		6		2	8
			4					9
		4		5		6		
	3				1			5
7				3		1	8	

Puzzle 33

Medium

3			9		6	2	8	
		6	1					
8				4				6
	6		4		7	9		1
1		5	8		9		3	
6				9				3
					8	7		
	5	4	3		1			9

Puzzle 34　　　　Medium

		9			2			
		6				8	1	
8	5		3	1				2
				3		9		1
7		3		8		5		6
4		5		6				
2				4	3		5	9
	3	1				4		
			6			2		

Puzzle 35

Medium

				7		4		
	3	4			6	1	7	
	6			1		5		
		9		8			1	
3			1	5	4			9
	5			3		8		
		6		4			8	
	7	3	2			9	4	
		1		9				

Puzzle 36   Medium

	2	6			1			
	5	9		8				
		4	2					
4			5	9		6	7	
		5	1		4	9		
	9	7		2	6			4
					8	7		
				4		3	8	
			9			5	4	

Puzzle 37

Medium

8	6		7			5	1	
					6	7		9
				1		6		
1	2		8					
3			9		5			6
					1		9	4
		2		4				
6		3	2					
	7	1			9		3	8

Puzzle 38

Medium

4			6		8			
		2		5		6		
		3	7			1		8
		4	5	6			8	
9				4				6
	5			7	3	9		
1		5			6	4		
		7		2		3		
			4		7			2

Puzzle 39   Medium

5						9	7	
	2		9					5
4	9	3	5				1	
	1			3	9		5	
	7		6	5			9	
	8				7	5	2	3
3					1		6	
	4	6						9

Puzzle 40

Medium

2			8					1
3	6						8	5
			3		5	7		
		8		3	6			
	2		5		9		7	
			7	2		1		
		2	6		3			
9	3						1	6
1					8			4

Puzzle 41　　　　Medium

1		3		5				4
						3		
	7	8			6			
			7		4	1	3	
	9	6	8		1	2	4	
	1	4	6		5			
			5			7	2	
		1						
2				4		5		3

Puzzle 42   Medium

5			9	4			3	
	9					7		1
		3			7		4	
		1	2	3		4		7
6		8		7	4	1		
	2		7			6		
7		9					2	
	6			5	2			3

Puzzle 43   Medium

7	6	5	2					
	4		1				2	
2			4	8				
8	2		3	9		1		
		3		6	8		9	4
				5	1			2
	3				7		5	
					3	4	1	6

Puzzle 44 Medium

7	4			6	1	3		
	9							5
					5			
	2			5	7	8		
1		7	2	8	6	9		3
		9	1	4			5	
			6					
9							2	
		2	7	3			8	1

Puzzle 45　　　　Medium

8		7	5					3
							9	
3		1	7	9				5
4	3			5				
1		5		7		8		4
				8			2	1
7				4	5	1		2
	4							
5					6	4		7

Puzzle 46　　　　Medium

4			7	6			5	
	6	1						
	7				2		6	4
	5	3		7	1			
	8						3	
			6	8		5	2	
5	1		3				9	
						7	1	
	3			4	7			5

Puzzle 47

Medium

	6	1	2			9		
				1	3			
	5				4		1	
6	1	7					8	
9	4						5	1
	3					4	2	6
	8		3				9	
			1	7				
		9			8	2	3	

Puzzle 48　　　Medium

	1			7		8		6
					5			
7	2		6				9	
	3			8		6		7
6			7	2	3			9
1		2		5			8	
	5				1		4	2
			5					
4		6		9			1	

Puzzle 49   Medium

						3		9
			3	9	8			4
2		9			6		8	
			5			8	9	2
	1						7	
8	9	5			4			
	2		7			5		3
9			8	3	5			
7		3						

Puzzle 50   Medium

		3			2	4		
9	2			7				
1			4	3	9			
7					5	2		
4			3	9	7			5
		1	6					7
			9	8	4			1
				6			7	4
		9	7			6		

Medium Puzzle
Solution

Medium

1

2	6	8	7	3	9	5	4	1
9	1	5	8	4	6	3	2	7
7	4	3	5	2	1	8	9	6
3	9	4	6	1	8	2	7	5
6	8	7	9	5	2	1	3	4
1	5	2	3	7	4	6	8	9
8	7	1	2	9	5	4	6	3
4	3	6	1	8	7	9	5	2
5	2	9	4	6	3	7	1	8

2

7	9	5	1	2	8	6	3	4
6	1	3	4	9	7	2	8	5
4	2	8	5	6	3	1	7	9
5	8	1	3	7	2	9	4	6
3	4	9	6	8	1	5	2	7
2	6	7	9	5	4	3	1	8
8	5	2	7	1	9	4	6	3
1	3	6	8	4	5	7	9	2
9	7	4	2	3	6	8	5	1

3

3	2	4	6	8	5	7	1	9
8	6	7	3	1	9	5	4	2
5	9	1	4	2	7	8	3	6
6	5	8	9	7	1	4	2	3
7	1	9	2	4	3	6	5	8
2	4	3	8	5	6	1	9	7
4	7	2	1	9	8	3	6	5
1	8	6	5	3	2	9	7	4
9	3	5	7	6	4	2	8	1

4

3	6	4	7	1	8	2	9	5
5	7	2	9	4	3	8	6	1
1	8	9	6	5	2	4	7	3
8	3	6	2	9	1	5	4	7
4	9	1	8	7	5	3	2	6
2	5	7	3	6	4	1	8	9
9	4	3	5	2	6	7	1	8
6	2	5	1	8	7	9	3	4
7	1	8	4	3	9	6	5	2

5

1	8	5	3	4	2	6	7	9
3	4	7	6	9	1	5	2	8
2	6	9	5	7	8	3	1	4
6	7	4	2	3	9	1	8	5
5	1	8	4	6	7	2	9	3
9	3	2	1	8	5	4	6	7
4	9	6	7	2	3	8	5	1
7	5	3	8	1	6	9	4	2
8	2	1	9	5	4	7	3	6

6

5	9	2	8	4	3	7	1	6
1	3	8	6	2	7	9	5	4
7	6	4	5	1	9	3	2	8
3	4	1	9	5	8	2	6	7
8	5	6	7	3	2	1	4	9
9	2	7	4	6	1	5	8	3
2	1	9	3	8	6	4	7	5
6	7	5	2	9	4	8	3	1
4	8	3	1	7	5	6	9	2

Medium

7

9	4	3	7	1	8	5	2	6
1	8	6	5	2	9	3	4	7
5	2	7	3	6	4	9	1	8
2	6	5	1	3	7	4	8	9
8	7	4	2	9	6	1	5	3
3	1	9	4	8	5	6	7	2
7	5	8	9	4	3	2	6	1
6	3	1	8	5	2	7	9	4
4	9	2	6	7	1	8	3	5

8

8	5	9	4	1	6	2	7	3
6	4	2	7	3	8	9	1	5
1	7	3	2	9	5	8	4	6
9	1	5	8	7	2	6	3	4
2	6	7	3	4	1	5	9	8
4	3	8	6	5	9	1	2	7
7	8	1	9	6	3	4	5	2
5	2	4	1	8	7	3	6	9
3	9	6	5	2	4	7	8	1

9

6	5	7	2	4	3	8	9	1
8	9	2	5	7	1	4	3	6
4	3	1	8	6	9	2	7	5
3	1	5	9	2	4	7	6	8
7	2	8	1	5	6	9	4	3
9	6	4	3	8	7	1	5	2
1	7	9	6	3	2	5	8	4
5	4	6	7	1	8	3	2	9
2	8	3	4	9	5	6	1	7

10

2	8	3	6	7	5	9	4	1
9	1	6	2	8	4	3	7	5
4	5	7	9	3	1	6	8	2
5	9	8	7	2	6	4	1	3
6	4	2	5	1	3	7	9	8
7	3	1	8	4	9	5	2	6
3	7	4	1	6	8	2	5	9
8	2	5	3	9	7	1	6	4
1	6	9	4	5	2	8	3	7

11

8	3	5	9	4	6	1	7	2
7	4	6	2	1	5	3	8	9
1	9	2	7	3	8	5	6	4
6	2	3	1	8	9	7	4	5
5	1	7	4	2	3	6	9	8
9	8	4	5	6	7	2	1	3
3	6	1	8	5	4	9	2	7
2	7	8	3	9	1	4	5	6
4	5	9	6	7	2	8	3	1

12

8	3	1	7	6	4	9	5	2
6	5	2	9	1	3	4	7	8
7	4	9	2	8	5	1	3	6
9	2	7	8	3	6	5	4	1
5	1	8	4	9	7	6	2	3
3	6	4	5	2	1	7	8	9
1	7	6	3	4	2	8	9	5
4	9	3	1	5	8	2	6	7
2	8	5	6	7	9	3	1	4

Medium

13

7	1	5	6	9	3	2	8	4
4	9	2	5	1	8	7	3	6
8	6	3	2	4	7	9	1	5
5	4	1	7	3	9	6	2	8
3	2	6	1	8	5	4	7	9
9	8	7	4	6	2	1	5	3
1	5	8	9	2	4	3	6	7
2	3	4	8	7	6	5	9	1
6	7	9	3	5	1	8	4	2

14

2	4	1	7	5	8	6	3	9
3	6	5	2	4	9	1	7	8
7	9	8	3	1	6	5	2	4
6	5	2	1	9	7	4	8	3
1	7	9	8	3	4	2	5	6
8	3	4	5	6	2	9	1	7
5	1	6	9	7	3	8	4	2
9	8	7	4	2	5	3	6	1
4	2	3	6	8	1	7	9	5

15

5	9	7	8	6	4	3	2	1
2	6	1	9	5	3	4	8	7
3	8	4	7	1	2	9	6	5
6	3	9	2	7	8	1	5	4
1	7	2	5	4	6	8	3	9
8	4	5	1	3	9	6	7	2
9	2	6	4	8	5	7	1	3
7	5	3	6	9	1	2	4	8
4	1	8	3	2	7	5	9	6

16

1	7	9	8	4	3	6	2	5
2	5	4	6	1	9	3	8	7
3	8	6	2	7	5	4	1	9
4	6	3	9	2	8	7	5	1
8	2	1	5	3	7	9	6	4
5	9	7	4	6	1	8	3	2
9	4	5	1	8	6	2	7	3
7	1	8	3	9	2	5	4	6
6	3	2	7	5	4	1	9	8

17

9	3	7	8	5	4	2	6	1
8	5	6	1	9	2	3	7	4
1	2	4	3	7	6	5	9	8
3	1	5	4	6	9	8	2	7
6	7	9	2	8	5	4	1	3
2	4	8	7	3	1	6	5	9
5	6	1	9	4	8	7	3	2
7	8	2	6	1	3	9	4	5
4	9	3	5	2	7	1	8	6

18

9	2	6	3	8	7	1	4	5
5	4	8	1	9	6	3	7	2
1	3	7	2	4	5	9	8	6
6	5	2	8	1	3	7	9	4
4	7	3	6	5	9	2	1	8
8	9	1	4	7	2	6	5	3
7	6	4	9	2	8	5	3	1
3	1	9	5	6	4	8	2	7
2	8	5	7	3	1	4	6	9

Medium

19

3	8	2	6	5	9	4	1	7
7	1	4	3	2	8	6	5	9
9	5	6	7	4	1	2	8	3
4	6	9	5	1	7	3	2	8
1	7	3	8	6	2	5	9	4
8	2	5	9	3	4	7	6	1
6	4	1	2	9	3	8	7	5
2	3	8	1	7	5	9	4	6
5	9	7	4	8	6	1	3	2

20

1	2	6	8	9	5	7	3	4
7	8	3	2	4	1	6	9	5
9	5	4	7	6	3	1	2	8
4	1	9	6	5	7	3	8	2
6	7	2	4	3	8	9	5	1
8	3	5	9	1	2	4	6	7
3	9	1	5	2	4	8	7	6
2	4	8	3	7	6	5	1	9
5	6	7	1	8	9	2	4	3

21

4	9	1	2	6	8	3	5	7
5	6	2	9	7	3	4	8	1
3	8	7	5	4	1	9	2	6
9	5	4	3	2	6	7	1	8
2	7	3	8	1	5	6	4	9
6	1	8	4	9	7	5	3	2
7	3	5	1	8	9	2	6	4
1	4	9	6	3	2	8	7	5
8	2	6	7	5	4	1	9	3

22

1	7	5	2	3	8	4	9	6
2	4	8	6	9	5	3	1	7
6	9	3	4	1	7	2	5	8
7	5	9	3	8	6	1	4	2
8	1	4	9	7	2	6	3	5
3	6	2	5	4	1	8	7	9
4	8	1	7	2	9	5	6	3
5	3	7	8	6	4	9	2	1
9	2	6	1	5	3	7	8	4

23

5	6	2	1	9	7	4	3	8
9	7	3	5	4	8	6	2	1
8	4	1	2	3	6	5	7	9
2	1	8	4	5	9	7	6	3
6	5	7	8	1	3	2	9	4
4	3	9	6	7	2	1	8	5
7	9	5	3	6	1	8	4	2
1	8	6	9	2	4	3	5	7
3	2	4	7	8	5	9	1	6

24

6	4	8	7	5	9	3	1	2
7	1	3	4	8	2	9	5	6
5	9	2	1	3	6	7	4	8
1	3	4	6	2	8	5	7	9
9	2	5	3	1	7	8	6	4
8	6	7	5	9	4	1	2	3
4	8	6	9	7	5	2	3	1
2	7	1	8	4	3	6	9	5
3	5	9	2	6	1	4	8	7

Medium

25

5	4	8	2	3	7	9	1	6
3	6	1	9	4	8	5	2	7
2	7	9	6	5	1	4	8	3
1	3	7	8	6	9	2	5	4
9	8	6	4	2	5	3	7	1
4	5	2	7	1	3	6	9	8
7	9	4	3	8	2	1	6	5
8	1	3	5	9	6	7	4	2
6	2	5	1	7	4	8	3	9

26

4	5	3	2	1	6	8	9	7
1	6	9	4	7	8	3	5	2
2	7	8	3	9	5	6	1	4
6	3	2	1	4	9	5	7	8
8	4	1	7	5	2	9	6	3
7	9	5	6	8	3	4	2	1
5	2	4	9	3	7	1	8	6
9	1	6	8	2	4	7	3	5
3	8	7	5	6	1	2	4	9

27

9	8	1	7	5	4	2	3	6
7	5	6	3	9	2	8	4	1
2	4	3	8	1	6	9	7	5
3	2	8	4	6	1	5	9	7
5	6	7	2	8	9	3	1	4
4	1	9	5	7	3	6	8	2
6	9	4	1	3	5	7	2	8
8	3	2	6	4	7	1	5	9
1	7	5	9	2	8	4	6	3

28

9	3	2	6	5	4	1	7	8
7	8	5	1	3	9	6	4	2
1	6	4	7	2	8	5	9	3
4	2	6	5	1	3	9	8	7
5	9	3	4	8	7	2	6	1
8	7	1	9	6	2	3	5	4
6	1	8	2	7	5	4	3	9
2	4	7	3	9	6	8	1	5
3	5	9	8	4	1	7	2	6

29

6	4	9	7	2	3	8	5	1
2	3	8	5	1	9	7	6	4
7	5	1	8	4	6	2	9	3
3	2	5	1	9	8	4	7	6
1	6	7	2	5	4	3	8	9
8	9	4	6	3	7	1	2	5
5	1	6	4	7	2	9	3	8
9	8	2	3	6	1	5	4	7
4	7	3	9	8	5	6	1	2

30

3	2	9	7	4	5	8	1	6
7	6	1	9	8	2	5	4	3
5	4	8	6	1	3	2	9	7
8	1	3	5	2	6	9	7	4
4	9	5	8	3	7	6	2	1
6	7	2	1	9	4	3	8	5
9	5	7	4	6	8	1	3	2
1	3	4	2	5	9	7	6	8
2	8	6	3	7	1	4	5	9

Medium

31

8	6	9	4	3	5	1	7	2
3	5	1	7	9	2	4	6	8
2	7	4	1	8	6	5	9	3
1	9	5	3	6	8	2	4	7
7	3	6	2	4	1	8	5	9
4	8	2	9	5	7	6	3	1
9	4	8	6	1	3	7	2	5
6	1	7	5	2	9	3	8	4
5	2	3	8	7	4	9	1	6

32

9	7	6	3	8	4	5	1	2
5	2	3	1	6	9	8	4	7
1	4	8	7	2	5	9	3	6
4	5	7	2	9	8	3	6	1
3	9	1	5	7	6	4	2	8
6	8	2	4	1	3	7	5	9
2	1	4	8	5	7	6	9	3
8	3	9	6	4	1	2	7	5
7	6	5	9	3	2	1	8	4

33

3	4	1	9	7	6	2	8	5
5	9	6	1	8	2	3	4	7
8	2	7	5	4	3	1	9	6
2	6	8	4	3	7	9	5	1
4	3	9	2	1	5	6	7	8
1	7	5	8	6	9	4	3	2
6	8	2	7	9	4	5	1	3
9	1	3	6	5	8	7	2	4
7	5	4	3	2	1	8	6	9

34

1	7	9	8	5	2	6	3	4
3	2	6	9	7	4	8	1	5
8	5	4	3	1	6	7	9	2
6	8	2	4	3	5	9	7	1
7	1	3	2	8	9	5	4	6
4	9	5	1	6	7	3	2	8
2	6	8	7	4	3	1	5	9
9	3	1	5	2	8	4	6	7
5	4	7	6	9	1	2	8	3

35

2	1	5	9	7	8	4	3	6
9	3	4	5	2	6	1	7	8
7	6	8	4	1	3	5	9	2
6	4	9	7	8	2	3	1	5
3	8	2	1	5	4	7	6	9
1	5	7	6	3	9	8	2	4
5	9	6	3	4	1	2	8	7
8	7	3	2	6	5	9	4	1
4	2	1	8	9	7	6	5	3

36

8	2	6	3	5	1	4	9	7
1	5	9	4	8	7	2	6	3
7	3	4	2	6	9	8	1	5
4	8	1	5	9	3	6	7	2
2	6	5	1	7	4	9	3	8
3	9	7	8	2	6	1	5	4
5	4	3	6	1	8	7	2	9
9	1	2	7	4	5	3	8	6
6	7	8	9	3	2	5	4	1

Medium

37

8	6	4	7	9	2	5	1	3
2	1	5	4	3	6	7	8	9
9	3	7	5	1	8	6	4	2
1	2	9	8	6	4	3	7	5
3	4	8	9	7	5	1	2	6
7	5	6	3	2	1	8	9	4
5	8	2	1	4	3	9	6	7
6	9	3	2	8	7	4	5	1
4	7	1	6	5	9	2	3	8

38

4	9	1	6	3	8	7	2	5
7	8	2	1	5	4	6	9	3
5	6	3	7	9	2	1	4	8
3	1	4	5	6	9	2	8	7
9	7	8	2	4	1	5	3	6
2	5	6	8	7	3	9	1	4
1	2	5	3	8	6	4	7	9
8	4	7	9	2	5	3	6	1
6	3	9	4	1	7	8	5	2

39

5	6	1	2	4	3	9	7	8
8	2	7	9	1	6	4	3	5
4	9	3	5	7	8	2	1	6
6	1	4	7	3	9	8	5	2
9	3	5	1	8	2	6	4	7
2	7	8	6	5	4	3	9	1
1	8	9	4	6	7	5	2	3
3	5	2	8	9	1	7	6	4
7	4	6	3	2	5	1	8	9

40

2	5	4	8	9	7	6	3	1
3	6	7	2	4	1	9	8	5
8	1	9	3	6	5	7	4	2
7	4	8	1	3	6	2	5	9
6	2	1	5	8	9	4	7	3
5	9	3	7	2	4	1	6	8
4	8	2	6	1	3	5	9	7
9	3	5	4	7	2	8	1	6
1	7	6	9	5	8	3	2	4

41

1	2	3	9	5	8	6	7	4
9	6	5	4	7	2	3	1	8
4	7	8	3	1	6	9	5	2
8	5	2	7	9	4	1	3	6
7	9	6	8	3	1	2	4	5
3	1	4	6	2	5	8	9	7
6	4	9	5	8	3	7	2	1
5	3	1	2	6	7	4	8	9
2	8	7	1	4	9	5	6	3

42

5	7	6	9	4	1	2	3	8
4	9	2	3	8	5	7	6	1
1	8	3	6	2	7	5	4	9
9	5	1	2	3	6	4	8	7
2	4	7	8	1	9	3	5	6
6	3	8	5	7	4	1	9	2
3	2	5	7	9	8	6	1	4
7	1	9	4	6	3	8	2	5
8	6	4	1	5	2	9	7	3

Medium

43

7	6	5	2	3	9	8	4	1
3	4	8	1	7	6	5	2	9
2	9	1	4	8	5	3	6	7
8	2	6	3	9	4	1	7	5
4	7	9	5	1	2	6	8	3
5	1	3	7	6	8	2	9	4
6	8	4	9	5	1	7	3	2
1	3	2	6	4	7	9	5	8
9	5	7	8	2	3	4	1	6

44

7	4	5	8	6	1	3	9	2
8	9	1	3	7	2	4	6	5
2	3	6	4	9	5	1	7	8
3	2	4	9	5	7	8	1	6
1	5	7	2	8	6	9	4	3
6	8	9	1	4	3	2	5	7
5	1	8	6	2	4	7	3	9
9	7	3	5	1	8	6	2	4
4	6	2	7	3	9	5	8	1

45

8	9	7	5	2	4	6	1	3
2	5	4	3	6	1	7	9	8
3	6	1	7	9	8	2	4	5
4	3	8	1	5	2	9	7	6
1	2	5	6	7	9	8	3	4
9	7	6	4	8	3	5	2	1
7	8	3	9	4	5	1	6	2
6	4	2	8	1	7	3	5	9
5	1	9	2	3	6	4	8	7

46

4	2	8	7	6	9	3	5	1
9	6	1	4	3	5	8	7	2
3	7	5	8	1	2	9	6	4
2	5	3	9	7	1	6	4	8
7	8	6	2	5	4	1	3	9
1	9	4	6	8	3	5	2	7
5	1	7	3	2	8	4	9	6
8	4	2	5	9	6	7	1	3
6	3	9	1	4	7	2	8	5

47

8	6	1	2	5	7	9	4	3
2	9	4	6	1	3	5	7	8
7	5	3	9	8	4	6	1	2
6	1	7	5	4	2	3	8	9
9	4	2	8	3	6	7	5	1
5	3	8	7	9	1	4	2	6
4	8	6	3	2	5	1	9	7
3	2	5	1	7	9	8	6	4
1	7	9	4	6	8	2	3	5

48

5	1	4	2	7	9	8	3	6
8	6	9	4	3	5	2	7	1
7	2	3	6	1	8	5	9	4
9	3	5	1	8	4	6	2	7
6	4	8	7	2	3	1	5	9
1	7	2	9	5	6	4	8	3
3	5	7	8	6	1	9	4	2
2	9	1	5	4	7	3	6	8
4	8	6	3	9	2	7	1	5

Medium

49

4	8	6	1	2	7	3	5	9
5	7	1	3	9	8	6	2	4
2	3	9	4	5	6	7	8	1
3	4	7	5	6	1	8	9	2
6	1	2	9	8	3	4	7	5
8	9	5	2	7	4	1	3	6
1	2	8	7	4	9	5	6	3
9	6	4	8	3	5	2	1	7
7	5	3	6	1	2	9	4	8

50

6	7	3	8	1	2	4	5	9
9	2	4	5	7	6	8	1	3
1	5	8	4	3	9	7	2	6
7	3	6	1	4	5	2	9	8
4	8	2	3	9	7	1	6	5
5	9	1	6	2	8	3	4	7
2	6	7	9	8	4	5	3	1
8	1	5	2	6	3	9	7	4
3	4	9	7	5	1	6	8	2

HARD
PUZZLES

Puzzle 1

Hard

7					1	4			
		1	9			2			
	9				3	8			1
		3				5		9	8
		5		7			1		
2	8		1				3		
8			3	6				1	
			4		1		5		
			5	2					4

Puzzle 2 Hard

4					9			1
				7	6		8	
7				8	1	6		5
					7	3		8
	5						2	
1		8	6					
2		3	8	9				7
	4		7	6				
6			1					9

Puzzle 3

Hard

8	5				3			
		1		6		9	5	
6			7					2
			1	8			4	
	1		6		7		2	
	3			2	9			
4					6			5
	9	5		1		6		
			5				9	8

Puzzle 4　　　　　　Hard

2		3		7		9	1	
8	6							
1					9			
7		4			6	2		5
			5	3	7			
5		6	2			1		7
			1					8
							4	1
	7	1		8		6		9

Puzzle 5

Hard

5					8		4		
8		1				9		6	
	7		5						2
		5	1			6	7	9	
	4	7	9			2	1		
7						4		5	
	5			2			6		1
		8			1				4

Puzzle 6

Hard

				4	2		8	
		9		7		2		
			3	9		1		4
7						6		9
6	3						2	7
9		8						1
4		6		3	5			
		7		2		4		
	1		7	8				

Puzzle 7

Hard

	9	7	6			2		
	6				8	2	1	7	
5								
		6			3			7
	5		7		6		4	
7			1			5		
								8
	8	5	3	1			2	
		2			7	4	3	

Puzzle 8

Hard

6			8					
		1		6	3			
3		4	5				1	6
	1		3	4			5	
		6		8		3		
	3			5	2		9	
8	9				5	7		1
			9	3		8		
					8			9

Puzzle 9   Hard

	3				9	2	8		
	2	1			3				7	
					6	7			
9				2	4				1
		2					7		
8					7	3			2
				6	1				
	9				8		1	4	
		8		3	2			9	

Puzzle 10   Hard

2							8	3
	3				4	7		
		9		6	7			
	8	4	5					2
	6		4		2		7	
7					6	3	4	
			7	2		1		
		8	6				3	
1	7							6

Puzzle 11　　　　Hard

1	4					2		3
	6				2	8	1	
	9	3	6					
	1		4		8			6
6			9		5		7	
					4	7	8	
	8	1	2				9	
4		6					2	1

Puzzle 12 Hard

				2	8			
2							3	6
	8	9	5					1
1	7		2			9		3
			7		9			
4		8			5		6	7
8					7	6	4	
9	3							2
			1	5				

Puzzle 13   Hard

				4		7		
7	2				8	6		
9	4	3	1					
5	3	7			6		8	
	9		2			3	7	6
					9	5	3	4
		9	3				6	8
		5		8				

Puzzle 14 Hard

5		7		4			3	
	8				7	2		4
			1		3	8		
	2			7		5		
4								3
		5		8			4	
		2	8		9			
9		1	4				2	
	4			1		6		9

Puzzle 15   Hard

			4	2				
	7		1				8	6
	5			8	7	3		
		6	7	4		5		
	9						3	
		4		5	1	6		
		9	5	7			1	
2	1				4		7	
				1	3			

Puzzle 16

Hard

5		1						
8			4			7	2	
			3		2			1
3	5			4		2		9
			6	2	5			
4		2		9			1	7
7			2		6			
	9	3			8			4
						3		2

Puzzle 17

Hard

	7			9	3			8
8					7			
3			8	2			7	
5		7				9		3
		2				5		
4		9				1		2
	5			1	9			4
			3					1
2			7	8			5	

Puzzle 18

Hard

			4		8		9	3
			7			4		2
7			1		3	6		
						8		1
3			2	8	4			6
8		7						
		2	8		6			4
4		3			2			
6	8		3		5			

Puzzle 19   Hard

			7	2		8	4	
		7	8		9	2		
								7
2			5				6	8
	4		2		3		9	
9	5				6			2
1								
		9	6		4	1		
	6	3		5	2			

Puzzle 20   Hard

8			4			7		
	4		7	2	9		8	5
				6	8			
	6							3
3			5	9	6			1
7							5	
			6	8				
6	3		9	4	5		2	
		5			3			9

Puzzle 21   Hard

1			2		3			
2				7	1	6		3
			6		4	8		
	1					4		
6	2						1	8
		8					3	
		7	4		5			
8		2	7	1				6
			8		2			9

Puzzle 22   Hard

			4	5				
1		6	3		9			2
	2			8		9	3	
		2				6		3
	4						5	
8		7				1		
	3	8		6			9	
2			5		7	3		8
				2	3			

Puzzle 23

Hard

4					8		9	2
	6						7	
		5	4	1				6
			8		6			
6	2		3		5		8	9
			2		1			
1				5	3	4		
	3						5	
5	7		1					8

Puzzle 24   Hard

	4							6
	9		7		4		5	
		5					4	3
				8	9	5		7
	8		5		7		6	
6		7	1	4				
2	7					8		
	3		9		1		7	
4							2	

Puzzle 25   Hard

6	1				8	3		
	2			6				8
		8			9		1	
		5		4	3	8		
3								5
		7	6	1		4		
	8		5			2		
9				7			6	
		6	1				8	9

Puzzle 26   Hard

				8			4	6
7			5				9	
		4	7		6			5
2		9	3					
	3		4		5		6	
					9	8		7
4			8		1	6		
	7				2			1
1	5			3				

Puzzle 27

Hard

	8						6	
		6	1	9	7	8		
	1					5		2
	3		9			4		
		5	2	1	6	7		
		7			4		1	
1		4					5	
		8	3	6	1	2		
	6						9	

Puzzle 28　　　　Hard

5	9			2		4	3	
	3			4				
		6	3					8
1	5	9		8				
		8				5		
				6		8	2	1
7					2	1		
				3			8	
	8	2		7			9	5

Puzzle 29   Hard

6					7	5	8	
				1			3	
	8	2				9		
1		6		8	5			
7		5				6		8
			6	9		3		7
		1				8	2	
	4			2				
	6	7	8					3

Puzzle 30

Hard

			3	1	9	4		
			4	2		7	5	
	9					3		
		5		4	3		2	
9								4
	4		8	9		5		
		9					7	
	1	6		7	2			
		7	9	6	8			

Puzzle 31　　　　　　Hard

	9	2			7	4		
3				6	9			2
4	8		5				3	
5								
	4		9	7	8		5	
								4
	2				5		9	7
9			7	8				6
		4	3			8	2	

Puzzle 32

Hard

			3					6
1	2				5		8	
5					8		2	9
6	1		5			8		
			6		1			
		4			3		7	1
7	9		8					5
	4		1				9	3
3					9			

Puzzle 33

Hard

3	6	9			8	5		
8			5		3			
		2			9			3
	7					1		
	9	5				6	3	
		3					5	
7			3			9		
			2		4			7
		1	8			3	6	4

Puzzle 34   Hard

3	8							7
			5		7	8		
		2		8	6		5	
2				1	4		3	
			8		3			
	4		7	2				9
	9		1	7		3		
		1	6		9			
7							9	5

Puzzle 35

Hard

				8				
				9	4	2		6
			3	2		9	5	
9		1		7				2
	3		2		8		9	
2				6		4		3
	2	8		5	7			
3		6	4	1				
				3				

Puzzle 36

Hard

			4				9	
3		6	1					7
	8						6	5
6				1	9			4
	4	3				1	7	
5			7	4				9
8	3						1	
2					1	9		8
	5				6			

Puzzle 37　　　Hard

		3	5		9			2
	6		4			1		7
4					7			
			1	8			7	6
	3						1	
8	7			9	4			
			2					9
3		7			1		2	
5			9		6	7		

Puzzle 38

Hard

4			1	8				7
		1			9			4
	6	9	4				3	
		8			4			
5		3				4		6
			7			5		
	5				7	9	1	
1			8			3		
3				9	1			2

Puzzle 39 Hard

				5	4	8		
5	8	2	6	3				
			7					6
		4	3			6	1	
	6						7	
	3	7			6	4		
9					7			
				6	9	5	2	7
		1	5	4				

Puzzle 40　　　Hard

9			8				4	
5		2			9	7		
	7						5	
		3		8	6	9		7
			9		3			
1		9	2	4		3		
	1						9	
		7	3			6		1
	9				1			2

Puzzle 41　　　　　　Hard

							1	
7			1	9		8		3
	2	1		6				
	9			7	3			5
5		7				2		6
8			5	2			3	
				4		5	2	
4		9		1	5			8
	8							

Puzzle 42

Hard

7		6	4				5	
	3		2					8
		8				7		
	6	2	9	8	4			
		5		2		8		
			5	3	1	2	4	
		9				1		
6					2		7	
	2				5	6		9

Puzzle 43　　　　Hard

6	1					9	3	
						7	6	1
	5	3		6		2	4	
	4				7			
			8		3			
			5				2	
	3	9		8		4	7	
1	7	5						
	6	8					5	9

Puzzle 44   Hard

			4				1	6
1			8				9	
	5	4		1		2	7	
	1		7	5				
2								5
				3	8		6	
	2	8		6		4	5	
	6				7			9
7	3				9			

Puzzle 45   Hard

			7			1		8
5						2	7	
		8		6			4	9
	2		8					
4	9	7				8	1	2
					2		6	
8	5			9		4		
	7	4						1
6		9			7			

Puzzle 46

Hard

9								
	3	2	5		4			
	8	5				2	3	1
	1				2	8		
6	5						1	2
		7	9				5	
8	6	4				3	7	
			4		6	1	2	
								6

Puzzle 47

Hard

	4		7		8			6
		7	1	6		4		
1			9					
9						3		4
4		1				2		5
6		5						8
					7			2
		2		5	1	6		
3			6		9		5	

Puzzle 48   Hard

	9	6						
8		1	4		3			
3			9	6	5			
1						5	8	
	8		1		2		6	
	3	5						1
			3	1	7			4
			2		4	1		6
						2	3	

Puzzle 49

Hard

			6	8	1	9		
		6					3	
	9	8			2			
9	6			2				5
7		1				3		9
4				9			8	1
			5			8	6	
	3					5		
		5	2	6	4			

Puzzle 50   Hard

								5
				2	9	7		4
				3		6	8	
4	5		1			2		3
1		9				4		6
7		6			4		5	8
	1	5		8				
8		7	4	1				
9								

Hard

1

7	2	8	6	1	4	9	5	3
4	3	1	9	5	2	8	7	6
5	9	6	7	3	8	4	2	1
1	6	3	2	4	5	7	9	8
9	4	5	8	7	3	1	6	2
2	8	7	1	9	6	3	4	5
8	5	4	3	6	9	2	1	7
6	7	2	4	8	1	5	3	9
3	1	9	5	2	7	6	8	4

2

4	8	6	5	2	9	7	3	1
5	9	1	3	7	6	4	8	2
7	3	2	4	8	1	6	9	5
9	6	4	2	1	7	3	5	8
3	5	7	9	4	8	1	2	6
1	2	8	6	5	3	9	7	4
2	1	3	8	9	4	5	6	7
8	4	9	7	6	5	2	1	3
6	7	5	1	3	2	8	4	9

3

8	5	2	9	4	3	1	7	6
3	7	1	2	6	8	9	5	4
6	4	9	7	5	1	3	8	2
9	2	6	1	8	5	7	4	3
5	1	4	6	3	7	8	2	9
7	3	8	4	2	9	5	6	1
4	8	7	3	9	6	2	1	5
2	9	5	8	1	4	6	3	7
1	6	3	5	7	2	4	9	8

4

2	5	3	8	7	4	9	1	6
8	6	9	3	5	1	4	7	2
1	4	7	6	2	9	5	8	3
7	8	4	9	1	6	2	3	5
9	1	2	5	3	7	8	6	4
5	3	6	2	4	8	1	9	7
4	9	5	1	6	3	7	2	8
6	2	8	7	9	5	3	4	1
3	7	1	4	8	2	6	5	9

5

5	2	6	3	8	7	4	1	9
8	3	1	4	2	9	5	6	7
9	7	4	5	6	1	8	3	2
2	8	5	1	4	6	7	9	3
1	6	9	8	7	3	2	4	5
3	4	7	9	5	2	1	8	6
7	1	2	6	3	4	9	5	8
4	5	3	2	9	8	6	7	1
6	9	8	7	1	5	3	2	4

6

1	7	3	6	4	2	9	8	5
8	4	9	5	7	1	2	6	3
2	6	5	3	9	8	1	7	4
7	2	4	8	1	3	6	5	9
6	3	1	4	5	9	8	2	7
9	5	8	2	6	7	3	4	1
4	8	6	9	3	5	7	1	2
5	9	7	1	2	6	4	3	8
3	1	2	7	8	4	5	9	6

Hard

7

8	9	7	6	3	1	2	5	4
3	6	4	5	8	2	1	7	9
5	2	1	9	7	4	6	8	3
1	4	6	2	5	3	8	9	7
2	5	8	7	9	6	3	4	1
7	3	9	1	4	8	5	6	2
6	7	3	4	2	5	9	1	8
4	8	5	3	1	9	7	2	6
9	1	2	8	6	7	4	3	5

8

6	2	9	8	1	4	5	7	3
5	7	1	2	6	3	9	8	4
3	8	4	5	9	7	2	1	6
7	1	2	3	4	9	6	5	8
9	5	6	7	8	1	3	4	2
4	3	8	6	5	2	1	9	7
8	9	3	4	2	5	7	6	1
1	4	7	9	3	6	8	2	5
2	6	5	1	7	8	4	3	9

9

7	3	4	5	9	2	8	1	6
6	2	1	4	3	8	9	7	5
5	8	9	1	6	7	3	2	4
9	7	3	2	4	6	5	8	1
4	6	2	8	5	1	7	3	9
8	1	5	9	7	3	4	6	2
3	4	7	6	1	9	2	5	8
2	9	6	7	8	5	1	4	3
1	5	8	3	2	4	6	9	7

10

2	4	7	1	5	9	6	8	3
5	3	6	2	8	4	7	1	9
8	1	9	3	6	7	4	2	5
3	8	4	5	7	1	9	6	2
9	6	1	4	3	2	5	7	8
7	2	5	8	9	6	3	4	1
6	5	3	7	2	8	1	9	4
4	9	8	6	1	5	2	3	7
1	7	2	9	4	3	8	5	6

11

1	4	8	5	9	7	2	6	3
7	6	5	3	4	2	8	1	9
2	9	3	6	8	1	5	4	7
3	1	7	4	2	8	9	5	6
8	5	9	7	1	6	4	3	2
6	2	4	9	3	5	1	7	8
9	3	2	1	6	4	7	8	5
5	8	1	2	7	3	6	9	4
4	7	6	8	5	9	3	2	1

12

3	4	1	6	2	8	5	7	9
2	5	7	4	9	1	8	3	6
6	8	9	5	7	3	4	2	1
1	7	6	2	8	4	9	5	3
5	2	3	7	6	9	1	8	4
4	9	8	3	1	5	2	6	7
8	1	2	9	3	7	6	4	5
9	3	5	8	4	6	7	1	2
7	6	4	1	5	2	3	9	8

Hard

13

6	5	8	9	4	2	7	1	3
7	2	1	5	3	8	6	4	9
9	4	3	1	6	7	8	5	2
5	3	7	4	9	6	2	8	1
1	6	2	8	7	3	4	9	5
8	9	4	2	5	1	3	7	6
2	8	6	7	1	9	5	3	4
4	7	9	3	2	5	1	6	8
3	1	5	6	8	4	9	2	7

14

5	9	7	2	4	8	1	3	6
1	8	3	5	6	7	2	9	4
2	6	4	1	9	3	8	7	5
8	2	9	3	7	4	5	6	1
4	1	6	9	2	5	7	8	3
7	3	5	6	8	1	9	4	2
6	5	2	8	3	9	4	1	7
9	7	1	4	5	6	3	2	8
3	4	8	7	1	2	6	5	9

15

9	3	8	4	2	6	1	5	7
4	7	2	1	3	5	9	8	6
6	5	1	9	8	7	3	4	2
3	8	6	7	4	9	5	2	1
1	9	5	2	6	8	7	3	4
7	2	4	3	5	1	6	9	8
8	6	9	5	7	2	4	1	3
2	1	3	6	9	4	8	7	5
5	4	7	8	1	3	2	6	9

16

5	2	1	7	8	9	4	3	6
8	3	9	4	6	1	7	2	5
6	7	4	3	5	2	9	8	1
3	5	8	1	4	7	2	6	9
9	1	7	6	2	5	8	4	3
4	6	2	8	9	3	5	1	7
7	4	5	2	3	6	1	9	8
2	9	3	5	1	8	6	7	4
1	8	6	9	7	4	3	5	2

17

6	7	4	5	9	3	2	1	8
8	2	1	4	6	7	3	9	5
3	9	5	8	2	1	4	7	6
5	8	7	1	4	2	9	6	3
1	6	2	9	3	8	5	4	7
4	3	9	6	7	5	1	8	2
7	5	6	2	1	9	8	3	4
9	4	8	3	5	6	7	2	1
2	1	3	7	8	4	6	5	9

18

1	2	6	4	5	8	7	9	3
5	3	8	7	6	9	4	1	2
7	9	4	1	2	3	6	8	5
2	4	5	6	9	7	8	3	1
3	1	9	2	8	4	5	7	6
8	6	7	5	3	1	2	4	9
9	7	2	8	1	6	3	5	4
4	5	3	9	7	2	1	6	8
6	8	1	3	4	5	9	2	7

Hard

19

3	9	5	7	2	1	8	4	6
6	1	7	8	4	9	2	3	5
8	2	4	3	6	5	9	1	7
2	3	1	5	9	7	4	6	8
7	4	6	2	8	3	5	9	1
9	5	8	4	1	6	3	7	2
1	7	2	9	3	8	6	5	4
5	8	9	6	7	4	1	2	3
4	6	3	1	5	2	7	8	9

20

8	2	3	4	5	1	7	9	6
1	4	6	7	2	9	3	8	5
9	5	7	3	6	8	4	1	2
5	6	1	8	7	2	9	4	3
3	8	4	5	9	6	2	7	1
7	9	2	1	3	4	6	5	8
2	1	9	6	8	7	5	3	4
6	3	8	9	4	5	1	2	7
4	7	5	2	1	3	8	6	9

21

1	5	6	2	8	3	7	9	4
2	8	4	9	7	1	6	5	3
7	9	3	6	5	4	8	2	1
3	1	9	5	2	8	4	6	7
6	2	5	3	4	7	9	1	8
4	7	8	1	9	6	2	3	5
9	6	7	4	3	5	1	8	2
8	3	2	7	1	9	5	4	6
5	4	1	8	6	2	3	7	9

22

3	7	9	4	5	2	8	6	1
1	8	6	3	7	9	5	4	2
4	2	5	6	8	1	9	3	7
9	1	2	7	4	5	6	8	3
6	4	3	2	1	8	7	5	9
8	5	7	9	3	6	1	2	4
7	3	8	1	6	4	2	9	5
2	6	4	5	9	7	3	1	8
5	9	1	8	2	3	4	7	6

23

4	1	3	7	6	8	5	9	2
8	6	2	5	3	9	1	7	4
7	9	5	4	1	2	8	3	6
3	4	7	8	9	6	2	1	5
6	2	1	3	4	5	7	8	9
9	5	8	2	7	1	6	4	3
1	8	6	9	5	3	4	2	7
2	3	4	6	8	7	9	5	1
5	7	9	1	2	4	3	6	8

24

8	4	2	3	1	5	7	9	6
1	9	3	7	6	4	2	5	8
7	6	5	2	9	8	1	4	3
3	2	4	6	8	9	5	1	7
9	8	1	5	3	7	4	6	2
6	5	7	1	4	2	3	8	9
2	7	9	4	5	6	8	3	1
5	3	8	9	2	1	6	7	4
4	1	6	8	7	3	9	2	5

Hard

25

6	1	9	7	5	8	3	2	4
7	2	4	3	6	1	9	5	8
5	3	8	4	2	9	7	1	6
2	6	5	9	4	3	8	7	1
3	4	1	2	8	7	6	9	5
8	9	7	6	1	5	4	3	2
1	8	3	5	9	6	2	4	7
9	5	2	8	7	4	1	6	3
4	7	6	1	3	2	5	8	9

26

9	2	5	1	8	3	7	4	6
7	1	6	5	2	4	3	9	8
3	8	4	7	9	6	2	1	5
2	6	9	3	7	8	1	5	4
8	3	7	4	1	5	9	6	2
5	4	1	2	6	9	8	3	7
4	9	2	8	5	1	6	7	3
6	7	3	9	4	2	5	8	1
1	5	8	6	3	7	4	2	9

27

7	8	3	4	5	2	9	6	1
2	5	6	1	9	7	8	3	4
4	1	9	6	8	3	5	7	2
6	3	1	9	7	8	4	2	5
9	4	5	2	1	6	7	8	3
8	2	7	5	3	4	6	1	9
1	7	4	8	2	9	3	5	6
5	9	8	3	6	1	2	4	7
3	6	2	7	4	5	1	9	8

28

5	9	1	7	2	8	4	3	6
8	3	7	6	4	1	9	5	2
2	4	6	3	5	9	7	1	8
1	5	9	2	8	7	3	6	4
6	2	8	4	1	3	5	7	9
4	7	3	9	6	5	8	2	1
7	6	5	8	9	2	1	4	3
9	1	4	5	3	6	2	8	7
3	8	2	1	7	4	6	9	5

29

6	1	3	9	4	7	5	8	2
5	7	9	2	1	8	4	3	6
4	8	2	5	6	3	9	7	1
1	3	6	7	8	5	2	4	9
7	9	5	4	3	2	6	1	8
8	2	4	6	9	1	3	5	7
9	5	1	3	7	6	8	2	4
3	4	8	1	2	9	7	6	5
2	6	7	8	5	4	1	9	3

30

7	5	2	3	1	9	4	8	6
3	8	1	4	2	6	7	5	9
6	9	4	7	8	5	3	1	2
1	7	5	6	4	3	9	2	8
9	6	8	2	5	7	1	3	4
2	4	3	8	9	1	5	6	7
8	2	9	1	3	4	6	7	5
4	1	6	5	7	2	8	9	3
5	3	7	9	6	8	2	4	1

Hard

31

1	9	2	8	3	7	4	6	5
3	7	5	4	6	9	1	8	2
4	8	6	5	2	1	7	3	9
5	3	9	6	1	4	2	7	8
2	4	1	9	7	8	6	5	3
8	6	7	2	5	3	9	1	4
6	2	8	1	4	5	3	9	7
9	1	3	7	8	2	5	4	6
7	5	4	3	9	6	8	2	1

32

4	8	9	3	7	2	5	1	6
1	2	3	9	6	5	4	8	7
5	7	6	4	1	8	3	2	9
6	1	2	5	9	7	8	3	4
8	3	7	6	4	1	9	5	2
9	5	4	2	8	3	6	7	1
7	9	1	8	3	4	2	6	5
2	4	8	1	5	6	7	9	3
3	6	5	7	2	9	1	4	8

33

3	6	9	4	2	8	5	7	1
8	4	7	5	1	3	2	9	6
5	1	2	6	7	9	4	8	3
6	7	8	9	3	5	1	4	2
1	9	5	7	4	2	6	3	8
4	2	3	1	8	6	7	5	9
7	8	4	3	6	1	9	2	5
9	3	6	2	5	4	8	1	7
2	5	1	8	9	7	3	6	4

34

3	8	5	2	4	1	9	6	7
6	1	4	5	9	7	8	2	3
9	7	2	3	8	6	4	5	1
2	6	7	9	1	4	5	3	8
1	5	9	8	6	3	2	7	4
8	4	3	7	2	5	6	1	9
5	9	8	1	7	2	3	4	6
4	3	1	6	5	9	7	8	2
7	2	6	4	3	8	1	9	5

35

1	9	2	6	8	5	3	4	7
8	5	3	7	9	4	2	1	6
7	6	4	3	2	1	9	5	8
9	4	1	5	7	3	8	6	2
6	3	7	2	4	8	1	9	5
2	8	5	1	6	9	4	7	3
4	2	8	9	5	7	6	3	1
3	7	6	4	1	2	5	8	9
5	1	9	8	3	6	7	2	4

36

7	2	5	4	6	8	3	9	1
3	9	6	1	5	2	8	4	7
4	8	1	9	3	7	2	6	5
6	7	8	2	1	9	5	3	4
9	4	3	6	8	5	1	7	2
5	1	2	7	4	3	6	8	9
8	3	9	5	2	4	7	1	6
2	6	4	3	7	1	9	5	8
1	5	7	8	9	6	4	2	3

Hard

37

7	8	3	5	1	9	4	6	2
9	6	5	4	2	8	1	3	7
4	1	2	3	6	7	5	9	8
2	5	4	1	8	3	9	7	6
6	3	9	7	5	2	8	1	4
8	7	1	6	9	4	2	5	3
1	4	6	2	7	5	3	8	9
3	9	7	8	4	1	6	2	5
5	2	8	9	3	6	7	4	1

38

4	2	5	1	8	3	6	9	7
7	3	1	2	6	9	8	5	4
8	6	9	4	7	5	2	3	1
6	7	8	3	5	4	1	2	9
5	1	3	9	2	8	4	7	6
9	4	2	7	1	6	5	8	3
2	5	4	6	3	7	9	1	8
1	9	7	8	4	2	3	6	5
3	8	6	5	9	1	7	4	2

39

6	7	9	2	5	4	8	3	1
5	8	2	6	3	1	7	9	4
4	1	3	7	9	8	2	5	6
8	9	4	3	7	5	6	1	2
1	6	5	4	8	2	3	7	9
2	3	7	9	1	6	4	8	5
9	5	6	8	2	7	1	4	3
3	4	8	1	6	9	5	2	7
7	2	1	5	4	3	9	6	8

40

9	3	1	8	7	5	2	4	6
5	4	2	1	6	9	7	3	8
8	7	6	4	3	2	1	5	9
4	2	3	5	8	6	9	1	7
7	6	5	9	1	3	8	2	4
1	8	9	2	4	7	3	6	5
6	1	4	7	2	8	5	9	3
2	5	7	3	9	4	6	8	1
3	9	8	6	5	1	4	7	2

41

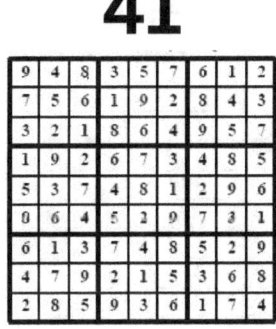

9	4	8	3	5	7	6	1	2
7	5	6	1	9	2	8	4	3
3	2	1	8	6	4	9	5	7
1	9	2	6	7	3	4	8	5
5	3	7	4	8	1	2	9	6
8	6	4	5	2	9	7	3	1
6	1	3	7	4	8	5	2	9
4	7	9	2	1	5	3	6	8
2	8	5	9	3	6	1	7	4

42

7	9	6	4	1	8	3	5	2
5	3	4	2	6	7	9	1	8
2	1	8	3	5	9	7	6	4
1	6	2	9	8	4	5	3	7
3	4	5	7	2	6	8	9	1
9	8	7	5	3	1	2	4	6
8	7	9	6	4	3	1	2	5
6	5	1	8	9	2	4	7	3
4	2	3	1	7	5	6	8	9

Hard

43

6	1	4	2	7	8	9	3	5
8	9	2	3	5	4	7	6	1
7	5	3	9	6	1	2	4	8
5	4	1	6	2	7	8	9	3
9	2	6	8	4	3	5	1	7
3	8	7	5	1	9	6	2	4
2	3	9	1	8	5	4	7	6
1	7	5	4	9	6	3	8	2
4	6	8	7	3	2	1	5	9

44

3	9	2	4	7	5	8	1	6
1	7	6	8	2	3	5	9	4
8	5	4	9	1	6	2	7	3
6	1	3	7	5	2	9	4	8
2	8	7	6	9	4	1	3	5
5	4	9	1	3	8	7	6	2
9	2	8	3	6	1	4	5	7
4	6	1	5	8	7	3	2	9
7	3	5	2	4	9	6	8	1

45

9	6	2	7	4	5	1	3	8
5	4	1	3	8	9	2	7	6
7	3	8	2	6	1	5	4	9
1	2	6	8	7	4	9	5	3
4	9	7	6	5	3	8	1	2
3	8	5	9	1	2	7	6	4
8	5	3	1	9	6	4	2	7
2	7	4	5	3	8	6	9	1
6	1	9	4	2	7	3	8	5

46

9	7	6	1	2	3	5	8	4
1	3	2	5	8	4	7	6	9
4	8	5	7	6	9	2	3	1
3	1	9	6	5	2	8	4	7
6	5	8	3	4	7	9	1	2
2	4	7	9	1	8	6	5	3
8	6	4	2	9	1	3	7	5
5	9	3	4	7	6	1	2	8
7	2	1	8	3	5	4	9	6

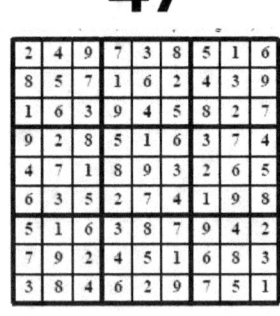

47

2	4	9	7	3	8	5	1	6
8	5	7	1	6	2	4	3	9
1	6	3	9	4	5	8	2	7
9	2	8	5	1	6	3	7	4
4	7	1	8	9	3	2	6	5
6	3	5	2	7	4	1	9	8
5	1	6	3	8	7	9	4	2
7	9	2	4	5	1	6	8	3
3	8	4	6	2	9	7	5	1

48

7	9	6	8	2	1	3	4	5
8	5	1	4	7	3	6	2	9
3	4	2	9	6	5	7	1	8
1	6	4	7	3	9	5	8	2
9	8	7	1	5	2	4	6	3
2	3	5	6	4	8	9	7	1
6	2	9	3	1	7	8	5	4
5	7	3	2	8	4	1	9	6
4	1	8	5	9	6	2	3	7

Hard

49

3	2	7	6	8	1	9	5	4
1	4	6	9	7	5	2	3	8
5	9	8	3	4	2	7	1	6
9	6	3	1	2	8	4	7	5
7	8	1	4	5	6	3	2	9
4	5	2	7	9	3	6	8	1
2	1	4	5	3	9	8	6	7
6	3	9	8	1	7	5	4	2
8	7	5	2	6	4	1	9	3

50

3	7	2	6	4	8	9	1	5
6	8	1	5	2	9	7	3	4
5	9	4	7	3	1	6	8	2
4	5	8	1	6	7	2	9	3
1	3	9	8	5	2	4	7	6
7	2	6	3	9	4	1	5	8
2	1	5	9	8	6	3	4	7
8	6	7	4	1	3	5	2	9
9	4	3	2	7	5	8	6	1